LES CONCOURS

D'ANIMAUX DE BOUCHERIE

A LYON

PAR M. EUG. TISSERANT

PROFESSEUR A L'ÉCOLE IMPÉRIALE VÉTÉRINAIRE

Lu à la Société impériale d'agriculture, d'histoire naturelle et des arts utiles de Lyon, dans sa séance du 5 juin 1863

LYON

IMPRIMERIE DE BARRET

Rue Gentil, 4

1863

LES CONCOURS

D'ANIMAUX DE BOUCHERIE

A LYON

LES CONCOURS

D'ANIMAUX DE BOUCHERIE

A LYON

BIBLIOTHÈQUE IMPÉRIALE IMPR.

Par M. Eug. TISSERANT

PROFESSEUR A L'ÉCOLE IMPÉRIALE VÉTÉRINAIRE.

Lu à la Société impériale d'agriculture, d'histoire naturelle et des arts utiles de Lyon, dans la séance du 5 juin 1863.

I.

L'institution des concours d'animaux de boucherie en France est toute récente. C'est à l'Angleterre que nous l'avons empruntée.

Ces concours ne sont pas de vains spectacles propres seulement à amuser la foule et à exposer à la curiosité publique quelques-uns des produits de l'industrie agricole. Ils constituent de véritables écoles d'expériences où les éleveurs et les engraisseurs de bestiaux s'éclairent réciproquement par la comparaison des résultats de leur pratique, où la science zootechnique vient chercher les éléments et la sanction de ses théories.

Dans tous les arts d'application la période expérimentale est laborieuse, parfois très-longue. Les hommes qui en assument les embarras et les risques ont droit à des encouragements. Ils ont besoin d'être soutenus.

En Angleterre, où l'initiative individuelle est beaucoup plus

1863

active et plus puissante que chez nous, les propriétaires du sol, les grands manufacturiers, les associations se chargent de la distribution de ces encouragements. La France abandonne volontiers ce soin à son gouvernement.

Cette différence de vues et d'usage dépend du caractère des deux nations, de leur situation économique et topographique, du mode de répartition de leurs richesses privées, et de l'importance inégale qu'elles attachent aux succès agricoles

Les dépenses affectées par le gouvernement français aux exhibitions d'animaux gras sont considérables. Il a été remis aux exposants, dans le concours tenu à Lyon au mois d'avril dernier, une somme de 12,850 francs, et trente-six médailles, dont douze en or et douze en argent.

Et ces dépenses n'étaient pas les seules à faire. L'installation et l'exécution des concours entraînent des frais assez élevés, dont une bonne partie incombe aux villes où les expositions ont lieu.

Nulle part, bien certainement, le Gouvernement n'a trouvé plus d'intelligence et de bonne volonté, une aide plus empressée que dans l'administration lyonnaise et particulièrement dans celle de M. le Sénateur Vaïsse, dont l'initiative éclairée et féconde a exercé et exerce encore chaque jour sur la prospérité du département du Rhône et de la ville de Lyon une si énergique et si heureuse influence.

L'installation de notre concours sur le marché au bétail de Vaise ne laisse rien à désirer. Elle réunit à la fois les conditions matérielles qui assurent la facilité et la régularité des opérations, et l'élégance qui donne aux solennités les plus graves tout l'attrait d'une fête.

L'administration de Lyon fait plus : elle ajoute chaque année aux prix du programme ministériel deux prix de 500 f. chacun, qui sont décernés sous le nom de *Prix de la Ville*.

Et, de temps en temps, des prix supplémentaires viennent encourager et récompenser le zèle de quelque éleveur ou engraisseur nouveau.

Lyon, il faut le dire, a un très-grand intérêt à la production de la viande de boucherie. La consommation qu'il en fait est énorme; les produits du porc sont pour lui l'objet d'une active spéculation, et alimentent une de ses industries, la charcuterie, qui n'est pas sans importance.

Le relevé suivant que je dois à l'obligeance de M. Olibo, directeur de l'octroi, fait connaître le nombre des têtes de bétail qui, pendant l'année 1862, ont été amenées sur le marché de Vaise ou sacrifiées dans les deux abattoirs publics.

Il a été mis en vente : 1° 36,170 bœufs et vaches.

De ce nombre, 30,558 ont été abattus à Lyon, le reste a servi à l'approvisionnement de la banlieue et des contrées environnantes;

2° 64,495 veaux. A ce chiffre il faut en ajouter un second de 10,000 représentant les animaux de même nature fournis aux bouchers de Lyon par le marché de Villeurbanne ou par les propriétaires du voisinage; en somme 74,495 veaux, dont 69,075 ont été débités à Lyon;

3° 229,170 moutons, sur lesquels 202,728 ont été conduits aux abattoirs;

4° 36,878 porcs, sur lesquels 26,629 ont été achetés par les charcutiers de la ville. Les autres, au nombre de 10,249, ont été enlevés pour l'approvisionnement de la banlieue et localités voisines, même pour celui de la Provence qui, depuis quelque temps, fait de nombreux achats sur nos marchés et réagit sensiblement sur les prix.

Nous donnons dans le tableau suivant le nombre des animaux de boucherie sacrifiés en 1862 dans les abattoirs de Lyon, avec le poids moyen de chaque tête, le poids brut et le poids approximatif des denrées livrées à la consommation proprement dite.

ESPÈCES ABATTUES.	NOMBRE D'ANIMAUX abattus.	POIDS MOYEN PAR TÊTE.	POIDS TOTAL BRUT.	PRODUITS A CONSOMMER.
Bœufs . .	17,931	570 kil.	10,219,174 k.	7,153,421 k.
Vaches. .	12,627	400 »	5,059,354	3,541,547
Veaux . .	69,075	74 »	5,140,368	3,598,257
Moutons .	202,728	33 »	6,720,977	4,704,673
Porcs . .	26,629	135 »	3,594,915	3,235,309
			30,734,788 k.	22,233,207 k.

A ces quantités, il faut ajouter la viande dépecée introduite du dehors sous le nom de *viande à la main*.

II.

La création des concours d'animaux de boucherie ne remonte en France qu'à 1843.

Le but de l'institution se trouve exposé et développé avec netteté et sagesse dans le discours par lequel a été inaugurée la première distribution de primes faite à Poissy, en 1844, pour les animaux gras.

Il nous paraît utile de reproduire ici les motifs que croyait avoir le Gouvernement pour créer ces concours, pour justifier les dépenses qu'ils allaient occasionner, pour ouvrir à l'industrie de l'engraissement du bétail de nouvelles perspectives, et lui fournir des moyens d'action plus puissants. On verra ainsi ce qu'on pensait en 1844 des concours d'animaux de boucherie et les idées qui ont présidé à la première organisation.

M. Yvart, inspecteur général des Ecoles vétérinaires, président du jury, s'exprimait de la manière suivante :

« Ce moyen d'encouragement (les concours) usité depuis

« longtemps en Angleterre n'a pas encore été employé dans « notre pays (1). Le concours que nous inaugurons aujour- « d'hui diffère beaucoup de ce qui se pratique au delà du « détroit ; l'agriculture, l'état même de la société se ressem- « blent peu dans les deux contrées . . . .

. . . .

« L'administration n'a pas dû se borner à imposer pour « conditions du concours de Poissy, les statuts adoptés par « les associations anglaises, par le Club du marché de Lon- « dres, par exemple. . . . .

« On a senti qu'il était impossible de primer les gros ani- « maux à l'exclusion des bestiaux d'une moindre stature. « Il n'est pas loisible aux agriculteurs d'élever et d'engrais- « ser partout de gros bœufs et de gros moutons ; les géants « de cette espèce ne peuvent être produits que dans les lo- « calités d'une fertilité exceptionnelle. Ainsi l'on a dû faire « des classes pour des animaux de poids différents.

« Dans notre pays dont la population augmente, on ne « concevrait pas comment on accorderait à certaines con- « trées des priviléges décourageants pour d'autres localités, « comment on négligerait d'utiliser toutes les ressources « alimentaires. Il y a plus, l'augmentation de la population « conduit inévitablement à avoir sur les marchés de jeunes « bestiaux à côté de bestiaux plus âgés. Il faut y préparer « dès à présent l'agriculture . . . .

« Dans l'espèce du bœuf, l'engraissement des jeunes ani- « maux peut diminuer la taille, parce que l'accroissement « est moins rapide que dans l'espèce ovine. Cette cause a « nécessité dans le règlement l'établissement d'une classe « particulière pour les bœufs ayant moins de quatre ans.

« En provoquant l'engraissement des jeunes bestiaux on

(1) On verra plus loin que la Société d'agriculture de Lyon, dans les limites restreintes que lui imposaient ses ressources, avait créé, dès 1841, des primes qui devaient être données pour les plus beaux animaux gras des espèces bovine, ovine et porcine amenés sur le marché de St-Just le mardi saint de chaque année.

« n'a pas eu l'intention de remplacer les bœufs de travail « par les chevaux ; le bœuf et la vache seront toujours uti- « lement employés dans beaucoup de parties de la France « aux travaux aratoires.

« Dans un pays aussi grand, aussi varié que le nôtre, « diverses races sont nécessaires, et il est hors de doute que « dans peu d'années les bœufs exclusivement destinés à la « boucherie ne se casent dans notre agriculture, à cause « des demandes croissantes des consommateurs et du dé- « faut de proportion qui doit finir par exister dans le nombre « des bœufs de travail et celui des bœufs d'engrais. Il n'est « d'ailleurs pas impossible que les bœufs façonnés surtout « pour la boucherie, ne satisfassent à un travail modéré, « lorsque l'opportunité s'en présentera, et ne constituent « ainsi une classe d'animaux que l'on emploiera à l'une ou à « l'autre de ces destinations, selon que le besoin s'en fera « sentir. . . . .

« Nous essayons des moyens entièrement inusités jusqu'à « présent. Leur pratique pourra seule démontrer les modi- « fications qu'il conviendra d'y apporter.

« Des concours de bestiaux s'établiront, il ne faut guère « en douter, sur d'autres marchés que sur celui de Poissy. .

« Les déplacements qu'occasionnent les concours ne sont « pas perdus pour ceux qui n'obtiennent pas de distinction : « l'examen des animaux, les discussions que les praticiens « élèvent entre eux sont bien loin d'être sans utilité. On ne « se fait pas en France une juste idée de ce que les exhibi- « tions de bestiaux ont fait en Angleterre ; on ne sait combien « elles ont contribué à la propagation des bonnes races et à « la réputation des meilleurs éleveurs.

« Que l'on apporte donc dans ces exhibitions un esprit de « suite et de persévérance, et le temps se chargera de dé- « montrer combien l'administration doit être louée d'en « avoir pris l'initiative. »

Une statistique incomplète des concours se trouve dans les

comptes-rendus publiés annuellement par le ministère ; une partie de leur histoire a été faite avec autorité et talent, il y a quelques années, par M. Gayot : nous ne voulons refaire ni l'une ni l'autre. Ayant suivi celui de Lyon dans son développement graduel, aujourd'hui qu'il vient de se renouveler pour la seizième fois, il me paraît intéressant de rechercher ce qu'il était à son point de départ, ce qu'il est devenu, et quels enseignements la zootechnie peut en tirer.

Le choix d'un bœuf gras destiné à être promené en grande pompe dans les rues de Paris et, suivant la tradition, présenté dans la Cour des Tuileries, n'a rien de commun avec nos concours d'à présent. Ceux-ci ont leurs analogues et leur précédent dans les distributions de prix faites chaque année aux éleveurs qui présentent sur le marché de Londres les animaux les plus gros et les plus gras. Ils en diffèrent néanmoins tant par leur mode d'organisation plus simple que parce que les autres sont laissés à l'initiative individuelle, beaucoup plus commune et plus puissante en Angleterre que chez nous.

Toutefois, dans l'origine, le concours de Poissy n'est pas resté sans quelques liens avec la cérémonie du bœuf gras. C'est au moment du carnaval qu'il a lieu, et, en 1844, l'engraisseur qui a élevé l'animal choisi comme bœuf gras, reçoit une médaille d'or.

Cette médaille est une concession à un usage ancien, populaire, sans rapport sérieux avec les grands intérêts de la production. La cérémonie du bœuf gras reste à sa date traditionnelle comme un spectacle, mais la zootechnie s'empresse de répudier toute solidarité avec elle.

III.

Une création bien modeste à son origine, mais dont le but économique était parfaitement défini, avait précédé, à Lyon même, l'ouverture du concours de Poissy ; je veux parler de la distribution de médailles et prix aux animaux gras, décidée en 1841 par la Société d'agriculture. On peut la négliger, si l'on veut, dans l'histoire générale des concours français; elle a sa place marquée dans celle du concours de Lyon.

Dans un rapport fait à la Société le 26 mai 1841, M. Magne, organe d'une Commission, s'exprimait de la manière suivante :

« La question des animaux a dans ces derniers temps « fortement attiré l'attention des cultivateurs et des écono- « mistes; elle a particulièrement été traitée dans notre ville, « à l'occasion d'un changement dans le mode de perception « des droits d'octroi. La polémique qui a eu lieu à cet égard « a démontré que nous avons fait de grands progrès dans « l'art de choisir le bétail : presque tout le monde reconnaît « aujourd'hui que les plus grands animaux ne sont pas tou- « jours les meilleurs, que les petites races sont préférables « pour beaucoup de localités. On ajoute cependant encore « trop d'importance à la taille, et on ne donne pas une « attention assez grande aux caractères essentiels : à ceux « qui font reconnaître les animaux dont la croissance est « rapide, l'engraissement facile, et dont les produits utiles « sont abondants relativement au poids total du corps. « Dans le but d'attirer l'attention des éleveurs de bétail sur « ce sujet, votre Commission vous soumet des propositions « relatives aux espèces bovine, ovine et à celle du porc; « elle vous prie de remarquer qu'elle ne veut pas encourager « la production des animaux les plus beaux, mais les plus « utiles. »

A la suite de ce rapport, la Société décidait qu'elle accorderait un prix au propriétaire du meilleur bœuf présenté au marché de St-Just, à Lyon, le dernier mardi de Carême de l'année 1842; que la préférence serait accordée à l'animal qui, par sa conformation, par son état de graisse, paraîtrait avoir, relativement à son poids, une plus grande quantité de viande nette. Le volume, le poids devaient être regardés comme des qualités secondaires; à mérite égal, la préférence était acquise à l'animal le plus jeune.

Les vaches, les moutons et les porcs étaient également appelés à ce concours. Des prix analogues leur étaient offerts.

La première distribution des récompenses eut lieu le 25 septembre 1843, dans une séance publique à laquelle assistait S. A. R. Madame la duchesse de Nemours.

Le rapport de la Commission rappelait que la Société d'agriculture de Lyon, l'une des premières, avait compris la nécessité d'accorder des prix pour la culture des fourrages et de s'attacher moins à la taille, au poids des animaux qu'à leur conformation et à leur précocité.

Une nouvelle distribution de récompenses eut lieu en 1844. La Commission déléguée à cet effet constate qu'elle a eu à examiner un nombre considérable de bestiaux, pour la plupart bien engraissés.

Les ressources de la Compagnie moins limitées en 1845 permirent de donner cinq primes d'une valeur totale de 875 francs.

Mais pour 1846 ces ressources s'étaient augmentées de subventions spéciales fournies par le ministère, et il fut possible d'affecter à l'espèce bovine quatre primes d'une valeur totale de 1,400 francs, et à l'espèce ovine trois primes d'une valeur de 400 francs.

Dans le rapport sur ce concours, M. Lecoq, organe de la Commission, disait : « Les concours que vous avez éta-
« blis pour les bestiaux engraissés continuent à porter leurs
« fruits, et c'est avec la plus vive satisfaction que nous
« venons, cette année, comme l'année dernière, vous
« annoncer une augmentation bien marquée dans le nom-
« bre des bœufs présentés pour disputer les primes. Nous
« comptons d'ailleurs que ce nombre s'accroîtra de plus en
« plus, aujourd'hui que les allocations du Gouvernement
« nous permettent de donner aux récompenses une valeur
« que nous désirons et que nous espérons pouvoir bientôt
« mettre encore plus en rapport avec les sacrifices des en-
« graisseurs. »

Dix-sept bœufs avaient été présentés cette année. Le nombre en eût été plus grand si la condition du certificat de possession exigé pour la première fois avait été remplie par tous les propriétaires qui désiraient prendre part à la lutte.

Deux bœufs charolais, âgés de quatre ans, et parfaitement engraissés, qui n'avaient pas été inscrits en temps utile, reçurent, en raison de leur mérite exceptionnel, chacun une médaille d'argent.

Il n'avait été amené que deux lots de moutons.

Les états dressés par la Société constatent que le rendement en viande nette des bœufs primés par elle n'a dépassé qu'une seule fois 63,50 p. 0/0.

La Société d'agriculture de Lyon avait donc ouvert, dès 1841, un véritable concours entre les engraisseurs et les marchands qui approvisionnaient le marché de la ville, et posé très-nettement le principe que la précocité, une bonne conformation et un certain degré de graisse étant les qualités essentielles à rechercher dans les animaux destinés au service de la boucherie, ces qualités devaient être particulièrement consultées, indépendamment du poids et de la taille, pour établir la valeur relative des individus et des races.

IV.

Ici s'arrête l'histoire des concours d'animaux de boucherie fondés par la Société d'agriculture. Par arrêté du 23 décembre 1846, une exhibition analogue à celle de Poissy devait s'ouvrir à Lyon à partir de 1847.

Le concours de Poissy n'était en effet qu'une tentative qui, si elle était suivie de succès, devait être transportée sur d'autres marchés, soit dans les grandes villes, soit au voisinage des centres de production ou d'engraissement.

Tout le monde en France a intérêt à voir se multiplier les ressources alimentaires. C'est dans les grandes villes industrielles, dont les besoins sont plus nombreux et plus réguliers, les ressources et la consommation plus considérables, que cet intérêt est le plus pressant. Le département du Rhône produit peu et n'engraisse guère ni bœufs, ni moutons; mais ses marchés offrent aux producteurs des localités limitrophes des débouchés assurés et avantageux.

Par sa population et sa richesse, par les grandes voies de communication qui le relient aux départements de l'Isère, de l'Ain, de Saône-et-Loire, de la Nièvre, de la Loire, de l'Allier, etc., Lyon était donc parfaitement choisi pour une expérience de ce genre. Aussi n'y eut-il pas un instant d'incertitude, l'essai réussit, et depuis lors le concours de Lyon est resté le plus nombreux et le plus important de tous ceux de la province.

Les distributions de primes faites antérieurement, sous le patronage et par l'initiative de la Société d'agriculture, avaient au reste heureusement préparé le terrain à l'institution nouvelle. Et il y aurait injustice à ne pas rappeler qu'en faisant suivre les animaux à l'étal pour en déterminer le rendement et en mieux apprécier le mérite, qu'en plaçant au premier rang les qualités qui dépendent de l'âge, de la forme, du degré de graisse, et reléguant au second le volume et le poids absolu, la Société avait de prime-abord donné aux concours de boucherie leur véritable et complète signification, nettement caractérisé leur but, qui est :

1° La détermination expérimentale de la valeur comparée des races pour le service de la boucherie;

2° La sanction pratique du principe économique de la spécialisation appliquée à l'espèce bovine;

3° La comparaison des résultats fournis par les procédés d'amélioration des races et par les différentes méthodes d'élevage et d'engraissement du bétail.

Le programme du premier concours de Poissy promet :

1° Quatre prix pour les bœufs âgés de quatre ans au plus, sans distinction de poids ni de race;

2° Trois prix pour les bœufs pesant au moins 700 kilog.;

3° Trois prix pour les bœufs pesant 699 kilog. au plus;

4° Quatre prix pour les lots de vingt moutons composés d'animaux de même race, et pesant chacun en moyenne au moins 40 kilog.;

5° Quatre prix pour les lots de vingt moutons du poids moyen de 39 kilog. au plus.

Il n'est pas établi, dans le programme au moins, de distinction entre les races, et il n'est point dit que les animaux seront suivis à l'étal du boucher.

C'était là le programme du concours de 1844. Dans celui de 1845, le poids exigé pour les deuxième et troisième catégories de bœufs est augmenté de 100 kilog. Mais à partir de 1847 le classement des animaux par le poids est totalement abandonné; les classes et les catégories admises reposent sur la distinction des âges ou des races. On distingue des races françaises pures, et des races étrangères pures ou croisées.

V.

C'est à cette dernière date, le 30 mars 1847, que s'ouvre le premier concours organisé à Lyon par les soins et aux frais exclusifs du Gouvernement.

Voici les principales dispositions du programme de cette première exhibition :

PROGRAMME DU CONCOURS DU 30 MARS 1847.

Le Ministre secrétaire d'État au département de l'agriculture et du commerce,

Vu les Arrêtés et Comptes-rendus, etc.;

Vu les Programmes et Comptes-rendus des essais tentés à Lyon depuis quelques années, au moyen des subventions de l'État, par la Société royale d'agriculture, d'histoire naturelle et des arts utiles de cette ville;

Considérant qu'il importe, dans l'intérêt des consommateurs et dans celui de l'agriculture, de développer en France la production et l'amélioration des animaux destinés à la boucherie, et de favoriser la propagation des races qui, par la perfection de leurs formes et leur engraissement précoce, fournissent le plus abondamment à la consommation ;

Arrête ce qui suit :

Article premier.

A partir de 1847 il sera décerné, chaque année, le mardi saint, sur le marché de Lyon, des primes et des médailles d'encouragement aux propriétaires et aux producteurs des bœufs et des moutons nés et élevés en France, reconnus les plus parfaits de conformation et les mieux préparés pour la boucherie.

Art. 2.

Les prix destinés aux bœufs présentés au concours seront divisés en deux classes, et répartis ainsi dans chaque classe :

1re Classe. Bœufs de l'âge de quatre ans au plus, quels que soient leur poids et leur race :

1er Prix. . . . . . . 800 francs.
2me Prix . . . . 600 —

2me Classe. Bœufs répartis selon leur race, en différentes catégories, sans distinction d'âge ni de poids.

1re *Catégorie.* — Races charolaise, nivernaise, bressane, franc-comtoise, bourguignonne, leurs analogues et leurs dérivés par les mères :

1er Prix. . . . . 500 francs.
2me Prix. . . . . 400 —

2me *Catégorie.* — Races auvergnate, limousine, bourbonnaise, du Mézenc, dauphinoise, leurs analogues et leurs dérivés par les mères.

1er Prix. . . . . 500 francs.
2me Prix. . . . . 400 —

3me *Catégorie.* — Toutes races françaises ou étrangères, nées ou élevées en France, non désignées ci-dessus, et leurs dérivés par les mères :

Prix unique. . . . . . 400 francs.

ART. 4.

Les prix destinés aux moutons seront divisés en deux classes, et les lots présentés au concours seront composés de dix animaux, tous de la même race et du même âge.

1re CLASSE. Moutons de l'âge de trente-six mois au plus :

Prix unique. . . . . 200 francs.

2me CLASSE. Moutons ayant plus de trente-six mois :

Prix unique. . . . . 100 francs.

ART. 13.

Le rendement des animaux primés au concours de Lyon sera constaté, tant à l'abattoir que dans les étaux, par une Commission composée des membres du jury et des commissaires du concours.

Le compte-rendu officiel du premier concours de Lyon porte qu'il n'y a pas eu de bœufs ni de moutons présentés dans les premières classes créées pour ces espèces. Le nombre des sujets concourant dans les autres classes n'est pas mentionné (1).

La deuxième exhibition a lieu en 1849 (2). Elle comprend dix-sept bœufs et trois lots de moutons.

Les bœufs appartiennent : 12 à la race charolaise.

—	1	—	Durham-charolaise.
—	1	—	limousine.
—	1	—	bourbonnaise.
—	2	—	suisse.

(1) Voyez le tableau n° 1, pag. 20.

(2) Un arrêté du 13 février 1849 crée un concours d'animaux de boucherie à Bordeaux.

—	25 mars 1850	—	—	à Lille.
—	25 février 1851	—	—	à Nîmes.
—	30 mars 1852	—	—	à Nantes.

Ainsi se trouve rempli l'engagement contracté par le Gouvernement, en 1844, d'étendre l'institution de manière à encourager tous les grands pays de production et d'engraissement, à provoquer et à récompenser tous les progrès.

En 1850, l'administration lyonnaise met à la disposition du jury un prix de 600 francs.

A partir de 1851, elle crée deux prix de 500 francs chacun. L'un d'eux doit être donné pour un bœuf né et engraissé dans l'Ain, l'Isère ou le Rhône.

Ces deux prix ont continué à être distribués dans les concours subséquents sous le nom de *prix de la Ville*.

L'espèce porcine est appelée au concours. Quatre médailles d'argent sont offertes comme prix.

Le classement adopté est celui de grandes et de petites races. Trois animaux seulement sont présentés cette année.

En 1852, la deuxième classe des bœufs est définitivement distribuée en quatre catégories.

Les quatre médailles affectées l'année précédente à l'espèce porcine sont remplacées par deux prix de 100 francs chacun.

En 1854, un prix de 500 francs est créé pour les bandes de quatre bœufs au moins, de même âge et de même race.

Les porcs ne sont plus classés suivant la taille, mais d'après leur race. Ils sont distribués en deux classes :

1° Races françaises pures;

2° Races étrangères pures ou croisées.

En 1862, les vaches grasses sont appelées au concours. Quatre prix sont créés à cette occasion.

Nous plaçons ici les principales dispositions du programme de 1863. En les comparant à celles de 1847, on verra quelles modifications l'institution a subies dans son organisation, et quelle est la direction que le temps et l'expérience lui ont fait imprimer.

Ce programme, le plus étendu de tous, comprend de plus que celui de 1862 un deuxième prix de bandes pour les bœufs et un prix de bandes pour les porcs.

PROGRAMME DU CONCOURS DU 25 MARS 1863.

LE MINISTRE SECRÉTAIRE D'ÉTAT AU DÉPARTEMENT DE L'AGRICULTURE ET DU COMMERCE, ETC.

ART. 2.

Les prix destinés aux animaux de l'espèce bovine seront divisés en quatre classes et répartis ainsi qu'il suit :

1re CLASSE. — Bœufs jeunes, comprenant les animaux de trois ans et de quatre ans au plus, quels que soient leur poids et leur race.

1re *Catégorie*. — Animaux nés depuis le 1er avril 1860 ·

1er Prix.	700 fr.	1,800 fr.
2e.	600	
3e.	500	

2e *Catégorie*. — Animaux nés depuis le 1er avril 1859 .

1er Prix.	700 fr.	1,800 fr.
2e	600	
3e	500	

2e CLASSE. — Bœufs répartis, suivant leur race, en différentes catégories, sans distinction d'âge ni de poids.

1re *Catégorie*.— Races charolaise et nivernaise pures et leurs analogues :

1er Prix.	500 fr.	1,200 fr.
2e	400	
3e	300	

2e *Catégorie*. — Races bressane et franc-comtoise pures :

1er Prix.	500 fr.	900 fr.
2e	400	

3e *Catégorie*. — Races auvergnate, d'Aubrac, limousine, bourbonnaise, du Mézenc, dauphinoise, pures et leurs analogues :

1er Prix.	500 fr.	1,200 fr.
2e	400	
3e	300	

4e Catégorie. — Toutes races ou sous-races françaises ou étrangères, pures ou croisées, non désignées ci-dessus :

1er Prix.	500 fr.	1,200 fr.
2e	400	
3e	300	

3e Classe. — Vaches :

1er Prix.	300 fr.	750 fr.
2e	200	
3e	150	
4e	100	

4e Classe. — Bandes de bœufs composées de quatre animaux au moins, de même provenance et de même race, appartenant au même propriétaire et n'ayant pas concouru pour les autres prix :

1er Prix.	500 fr.	900 fr.
2e	400	

Art. 3.

Les animaux non primés dans la 1re catégorie de la 1re classe peuvent concourir de nouveau avec ceux de la 2e catégorie.

Ceux qui auraient été primés dans l'une ou l'autre de ces catégories ne peuvent plus concourir dans la 2e classe.

Art. 4.

Les prix destinés aux **Moutons** seront divisés en deux classes, et les lots présentés au concours seront composés de dix animaux, tous du même âge et de la même race.

1re Classe. — Moutons nés depuis le 1er octobre 1861 :

1er Prix.	400 fr.	900 fr.
2e	300	
3e	200	

2e Classe. — Moutons nés avant le 1er octobre 1861 :

1er Prix.	200 fr.	300 fr.
2e	100	

BIBLIOTHÈQUE IMPÉRIALE

Les moutons admis à concourir devront avoir été tondus dans le mois qui a précédé le concours; on laissera une mèche derrière l'épaule gauche.

Art. 5.

Les animaux de l'**espèce Porcine** se diviseront en trois classes :

1re Classe. — Races françaises pures :

1er Prix.	150 fr.	325 fr.
2e	100	
3e	75	

2e Classe. — Races étrangères pures et races croisées :

1er Prix.	150 fr.	375 fr.
2e	100	
3e	75	
4e	50	

3e Classe. — Bandes de porcs composées de quatre animaux au moins, de même provenance et de même race, appartenant au même propriétaire et n'ayant pas été présentés dans les autres classes :

Prix unique. . . . . 200 fr.

Art. 6.

Les animaux de l'espèce bovine présentés devront appartenir aux propriétaires exposants depuis six mois au moins avant l'époque du concours.

Les moutons et les porcs, depuis trois mois.

Art. 7.

Une médaille d'or accompagnera les premiers prix, une médaille d'argent les seconds prix, et une médaille de bronze tous les autres.

Art. 10.

Les propriétaires qui présenteront des animaux au concours seront tenus à une déclaration préalable, qu'ils devront faire à Lyon, le lundi, avant-veille du concours, de huit heures du matin à quatre heures du soir, aux commissaires chargés de la recevoir.

Cette déclaration indiquera : 1° l'origine, la race, la robe et l'âge des animaux présentés ; 2° le nom et la résidence de l'engraisseur ; 3° si celui-ci les a fait naître ou seulement les a achetés pour l'engraissement ; 4° dans ce dernier cas, la durée de la possession.

ART. 11.

Les propriétaires des animaux primés devront fournir à l'appui de leur déclaration : 1° un certificat qui en constatera l'exactitude ; 2° tous les renseignements que le jury pourra réclamer, soit sur le mode d'élevage et de nourriture, soit sur le rendement des animaux, tant à l'abattoir qu'à l'étal.

ART. 13.

Tout propriétaire qui sera convaincu d'avoir fait une fausse déclaration pourra être exclu des concours par le jury pour un temps plus ou moins long.

ART. 14.

Un propriétaire ne peut recevoir qu'un seul prix dans chaque catégorie, mais il pourra présenter autant d'animaux qu'il voudra dans chacune des catégories.

ART. 19.

Le rendement des animaux primés sera suivi par une Commission composée des membres du jury et des commissaires du concours.

Elle sera présidée par le président ou le vice-président du jury.

VI.

Je vais maintenant réunir dans plusieurs tableaux quelques données statistiques essentielles sur le concours de Lyon ; celles surtout dont on peut tirer des enseignements utiles. Elles permettront de suivre l'institution dans sa marche progressive, et serviront de base à la discussion qui doit compléter ce travail.

Le tableau n° 1 fait connaître le nombre des sujets des espèces bovine, ovine et porcine présentés de 1847 à 1863.

L'accroissement général est assez grand, mais il ne s'est point opéré avec une continuité et une régularité parfaites.

La préparation des animaux pour les concours de boucherie est nécessairement soumise à des influences dont les engraisseurs ne sont pas toujours maîtres ; elle éprouve d'année en année des fluctuations dépendant du choix des sujets convenables, de la qualité et de l'abondance des fourrages.

TABLEAU N° 1

des Animaux des espèces Bovine, Ovine et Porcine présentés au Concours de Lyon, de 1847 à 1863.

ANNÉES de CONCOURS.	BOEUFS concourant ISOLÉMENT.	BANDE DE 4 BOEUFS au moins.	VACHES.	LOTS de 10 MOUTONS.	PORCS.	OBSERVATIONS.
1847	18	»	»	5	»	
1848	»	»	»	»	»	Il n'y a pas eu de concours en 1848.
1849	17	»	»	3	»	
1850	36	»	»	9	»	
1851	42	»	»	17	2	L'espèce Porcine est appelée au concours.
1852	45	»	»	10	6	
1853	72	»	»	15	9	
1854	49	»	»	14	19	Un Prix est créé pour les bandes de bœufs. Il n'en est pas présenté en 1854.
1855	55	3	»	11	20	
1856	78	4	»	20	21	
1857	45	2	»	7	22	
1858	41	3	»	9	34	
1859	87	5	»	9	45	
1860	91	3	»	11	45	
1861	94	5	»	10	21	
1862	88	7	11	15	20	Les Vaches sont appelées à concourir.
1863	85	4	9	3	46	Un prix est créé pour les bandes de Porcs.

Le tableau suivant fait connaître le nombre des sujets de l'espèce bovine présentés dans six concours, embrassant deux périodes triennales, de 1851 à 1853 et de 1861 à 1863, séparées par un intervalle de dix ans, avec l'indication des races (1), sous-races et variétés auxquelles ces animaux appartenaient.

TABLEAU N° 2.

PAR RACES DES BOEUFS ET VACHES PRÉSENTÉS AU CONCOURS D'ANIMAUX DE BOUCHERIE DE LYON DANS LES DEUX PÉRIODES TRIENNALES DE 1851-53 A 1861-63.

RACES BOVINES.	1851	1852	1853	Totaux.	1861	1862	1863	Totaux.
Auvergnate (Salers), etc.	6	4	4	14	4	7	5	16
Bourbonnaise.	7	8	16	31	18	9	10	37
Bressane.	»	1	6	7	8	20	16	44
Charolaise-nivernaise . .	13	16	24	53	31	31	33	95
Morvandaise	»	1	»	1	»	»	»	»
Comtoise.	»	»	4	4	11	12	7	30
Dauphinoise	1	1	1	3	4	19	10	33
Limousine	»	»	»	»	2	»	»	2
Du Rhône	3	»	»	3	»	»	»	»
Savoisienne	»	»	»	»	2	»	»	2
Charolaise-bourbonnaise.	»	»	»	»	»	1	»	1
Bourbonnaise-auvergnate	»	»	1	1	»	»	»	»
Bressane-autunoise . . .	1	»	»	1	1	»	»	1
Bressane-comtoise . . .	»	»	»	»	»	2	2	4
Comtoise-cotentine . . .	»	»	»	»	»	1	1	2
Ayr	»	»	»	»	»	»	1	1
Ayr-Durham-hollandaise.	»	»	»	»	»	1	»	1
Ayr-Salers	»	»	»	»	»	»	1	1
Durham	»	»	2	2	7	3	4	14
Durham-Devon	»	»	»	»	1	»	»	1
Durham-auvergnate. . .	1	1	1	3	»	1	1	2
Durham-bourbonnaise .	1	4	1	6	»	1	1	2
Durham-bressane. . . .	»	»	»	»	»	1	»	1
Durham-charolaise . . .	5	7	4	16	25	23	18	66
Durham-normande . . .	»	»	1	1	2	»	»	2
Durham-suisse.	2	»	1	3	»	»	»	»
Héreford croisée	»	»	1	1	»	»	»	»
Suisse.	»	1	»	1	»	2	»	2
Suisse-dauphinoise . . .	1	»	»	1	»	»	»	»
Suisse-auvergnate. . . .	1	»	»	1	»	»	»	»
Bressane-suisse.	»	1	3	4	»	»	»	»
Comtoise-suisse.	»	»	2	2	»	»	»	»
Hollandaise	»	»	»	»	1	»	»	1
Charolaise-Devon. . . .	»	»	»	»	»	»	1	1
	42	45	72	159	117	134	111	362

(1) Les indications de races sont prises dans les documents officiels, nécessairement conformes aux déclarations parfois erronées des exposants. Les erreurs, au reste, ne sont pas fort nombreuses.

Ce tableau peut donner lieu à plusieurs observations importantes.

Le nombre total des bœufs et vaches exposés a été :

Dans la période de 1851-1853, de 159
— 1861-1863, de 362

Différence en faveur de la seconde . . 203

La race, la provenance des animaux varie d'une année à l'autre, mais le nombre des races, sous-races ou variétés bovines représentées chaque année change peu.

Il était en	1851 de 14	En	1861 de 16
—	1852 de 13		1862 de 18
—	1853 de 17		1863 de 17

Les groupes qui ont subi la plus forte augmentation dans le nombre de leurs représentants sont ceux :

Du Charolais et du Nivernais (1),
De la Comté,
Du Dauphiné,
De Durham,
Durham-charolais.

Les groupes Durham et Durham-charolais donnent lieu à une remarque particulière.

Ils comptaient :

	En 1851-53.	En 1861-63.
	—	—
Le Durham	2 sujets.	14 sujets.
Le Durham-charolais. .	14 —	66 —

Le tableau n° 3 mentionne les races qui ont obtenu des récompenses (prix, mentions), de 1847 à 1863, dans les deux catégories de la première classe ; la troisième de la deuxième classe et dans celle des vaches, dans toutes celles enfin où toutes les races sont appelées à concourir ensemble, par des sujets isolés.

(1) Dans ce travail, je confonds à dessein en un seul groupe, les races nominalement distinguées sous les titres de charolaise et de nivernaise. Leur communauté d'origine, leur filiation, leurs ressemblances m'y autorisent.

TABLEAU DES RÉCOMPENSES (PRIX, MENTIONS) — N° 3.

Décernées de 1847 à 1863, dans les catégories où toutes les races de bœufs peuvent concourir ensemble.

RACES BOVINES.	1847	1849	1850	1851	1852	1853	1854	1855	1856	1857	1858	1859	1860	1861	1862	1863	Totaux
Charolaise et nivernaise.	»	2	2	1	1	3	»	5	2	»	2	1	1	3	1	3	27
Bressane.	»	»	»	»	»	»	1	»	»	»	»	»	»	»	»	»	1
Comtoise.	»	»	»	»	»	1	»	1	»	»	»	»	»	»	»	»	2
Dauphinoise	»	»	»	1	»	»	»	»	»	»	»	»	»	»	»	»	1
Bourbonnaise.	»	»	»	»	»	»	»	»	1	»	»	»	»	»	»	»	1
Cotentine	»	»	»	»	»	»	»	»	»	»	»	»	1	»	»	»	1
Charolaise-bourbonnaise.	»	»	»	»	»	»	»	»	1	»	»	»	1	»	»	»	2
Bourbonnaise-normande.	»	»	»	»	»	»	»	»	»	1	»	»	»	»	»	»	1
Nivernaise-normande . .	»	»	»	»	»	»	1	»	»	»	»	»	»	»	»	»	1
Charolaise-Devon. . . .	»	»	»	»	»	»	»	»	»	»	»	»	»	»	»	1	1
Charolaise-Schwitz . . .	»	»	»	»	»	»	»	1	»	»	»	»	»	»	»	»	1
Bressane-suisse.	»	1	»	»	»	»	»	»	»	»	»	»	»	»	»	»	1
Suisse	1	»	»	»	»	»	»	»	»	»	»	»	»	»	»	»	1
Devon	»	»	»	»	»	»	»	»	»	»	»	»	1	»	»	»	1
Durham	»	»	»	»	»	»	1	1	»	1	»	2	1	4	1	3	14
Durham-West-higland .	»	»	»	»	»	»	»	»	»	»	»	»	1	1	»	»	2
Durham-auvergnate. . .	»	»	»	1	»	1	»	»	1	»	»	»	»	»	»	»	3
— Bourbonnaise .	»	»	»	1	2	»	1	1	»	»	»	3	2	»	»	»	10
— Charolaise. . .	»	1	1	1	3	1	1	1	1	5	4	6	8	8	8	8	57
— Comtoise . . .	»	»	»	»	»	»	»	»	»	»	»	1	»	»	»	»	1
— Contentine. . .	»	»	»	»	»	»	»	»	1	»	»	»	1	1	»	»	3
— Mancelle . . .	»	»	»	»	»	»	»	»	»	2	2	»	»	»	»	»	4
— Suisse.	»	»	1	»	»	»	»	»	»	»	1	1	»	»	»	»	3
Ayr-Durham-hollandaise.	»	»	»	»	»	»	»	»	»	»	»	»	»	»	1	»	1

En étudiant ce tableau, on constate entre autres choses :

1° Que plusieurs races françaises pures qui figurent habituellement dans le concours de Lyon (auvergnate, du Puy-de-Dôme, Salers, Aubrac, Mézenc) n'y ont jamais obtenu ni prix, ni mentions, lorsqu'elles sont entrées en lutte avec des animaux véritablement doués de précocité et d'aptitude à l'engraissement ;

2° Que plusieurs autres races françaises pures (bressane, comtoise, dauphinoise, bourbonnaise) ont été rarement victorieuses dans les mêmes occasions ;

3° Que quatre groupes se placent beaucoup au-dessus des autres pour le nombre des récompenses qui leur ont été décernées. Sur cent quarante nominations :

Le Durham-charolais en a obtenu	57	ou	40,71	0/0
Le Charolais et Nivernais —	27	ou	19,28	
Le Durham —	14	ou	10,00	
Le Durham-bourbonnais —	10	ou	7,14	

Il est à remarquer que les deux premiers se sont trouvés en présence dès 1849. Mais les Durham-charolais n'ont pas tardé à l'emporter sur la race française pure. Les chiffres suivants sont caractéristiques.

RÉCOMPENSES.	1849	1850	1851	1861	1862	1863
Races charolaise et nivernaise	2	2	1	3	1	3
Race Durham-charolaise . .	1	1	1	8	8	8

Jusqu'à 1853 le premier groupe a lutté non sans quelque succès avec les produits nés de son croisement par la race de Durham. Mais peu à peu, le nombre de ces derniers augmentant, les charolais et les nivernais tendent à se reléguer dans leur catégorie spéciale. Voici des chiffres :

En 1863, sur douze sujets présentés dans la catégorie des animaux de trois ans au plus, on comptait :

Charolais. 5
Durham-charolais 5

Sur dix-sept sujets présentés dans la catégorie des animaux de quatre ans au plus, il y avait :

Charolais. 1
Durham-charolais 6

Enfin, dans la quatrième catégorie de la deuxième classe (animaux de toutes races, sans distinction d'âge), on comptait :

Charolais. 0
Durham-charolais 15

Déjà, dans les deux années précédentes, aucun charolais pur n'avait figuré dans cette dernière catégorie.

Ce n'est pas à dire que les sujets des races charolaise et nivernaise, lorsqu'ils veulent sérieusement entrer en lice, ne serrent pas de près leurs concurrents. Ils l'ont bien prouvé cette année même où ils ont remporté, dans la catégorie des animaux les plus jeunes, les deuxième et troisième prix. Ce dernier résultat prouve incontestablement deux choses : 1° que ces races ont des aptitudes remarquables pour le service de la boucherie; 2° qu'elles se sont perfectionnées, en se spécialisant, depuis l'institution des concours.

Un autre fait ressort du tableau précédent. Les différentes races françaises de la circonscription (bourbonnaise, bressane, comtoise, dauphinoise, savoisienne, auvergnate) ne peuvent sérieusement soutenir la lutte avec la charolaise.

Je ne nie pas leur mérite comme races de boucherie. Leur rendement est souvent considérable; quelques-unes ont même pour la qualité de la chair une véritable supériorité. Mais leur abstention ou, quand elles affrontent la lutte, leur défaite presque certaine, sont des signes non équivoques de leur infériorité en ce qui regarde la précocité de l'engraissement et de la maturité.

Il était important de déterminer si depuis l'institution du concours il y avait eu accroissement dans le nombre proportionnel des bœufs jeunes présentés. La comparaison des deux périodes triennales de 1851 à 1853 et de 1861 à 1863 donne les chiffres suivants :

1re *Période.*

1851. Bœufs de 4 ans et au-dessous : 11 sur 42 ou 26,10 0/0
1852. — — 9 45 20,00
1853. — — 13 72 18,05

2me *Période.*

1861. Bœufs de 4 ans et au-dessous : 33 sur 94 ou 35,19 0/0
1862. — — 31 88 35,23
1863. — — 29 85 34,12

Ces chiffres n'ont pas besoin de commentaires.

Le tableau n° 4 fait connaître les départements qui avaient envoyé des animaux aux trois derniers concours de Lyon, avec le nombre des sujets des espèces bovine, ovine et porcine exposés.

TABLEAU PAR DÉPARTEMENTS **N° 4.**

Des Bœufs, Vaches, Lots de Moutons, Porcs présentés en 1861, 1862 et 1863, au Concours de Lyon.

DÉPARTEMENTS.	ESPÈCE BOVINE			TOTAL des 3 années.	ESPÈCE OVINE.			TOTAL des 3 années.	ESPÈCE PORCINE.			TOTAL des 3 années.
	1861	1862	1863		1861	1862	1863		1861	1862	1863	
Ain	»	»	6	6	»	1	»	1	»	7	8	15
Allier	30	18	18	66	»	»	»	»	»	»	»	»
Côte-d'Or	»	»	»	»	2	2	1	5	»	3	»	3
Doubs	2	2	»	4	»	»	»	»	»	»	»	»
Drôme	»	»	2	2	»	»	»	»	»	»	»	»
Isère	6	21	10	37	»	1	»	1	»	»	3	3
Loire	17	16	22	55	3	3	»	6	6	3	11	20
Nièvre	16	16	19	53	2	4	1	7	»	»	»	»
Puy-de-Dôme	»	1	»	1	»	»	»	»	»	»	»	»
Rhône	1	4	»	5	»	1	»	1	6	4	8	18
Saône (Haute-)	7	9	7	23	»	»	»	»	»	»	»	»
Saône-et-Loire	37	42	27	106	3	3	1	7	9	4	16	29
Savoie (Haute)	1	5	»	6	»	»	»	»	»	»	»	»

Ces départements sont au nombre de treize. Ils se placent dans l'ordre suivant :

POUR LES BŒUFS.	POUR LES MOUTONS.	POUR LES PORCS.	POUR LES TROIS ESPÈCES RÉUNIES.
Saône-et-Loire	Nièvre.	Saône-et-Loire	Saône-et-Loire
Allier.	Saône-et-Loire	Loire.	Loire.
Loire.	Loire.	Rhône.	Allier.
Nièvre.	Côte-d'Or.	Ain.	Nièvre.
Isère.	Ain.	Côte-d'Or.	Isère.
Haute-Saône.	Isère.	Isère.	Rhône.
Ain.	Rhône.	»	Haute-Saône.
Haute-Savoie.	»	»	Ain.
Rhône.	»	»	Côte-d'Or.
Doubs.	»	»	Haute-Savoie.
Drôme.	»	»	Doubs.
Puy-de-Dôme.	»	»	Drôme.
»	»	»	Puy-de-Dôme.

Dans le tableau suivant je donne la répartition entre quatorze départements des récompenses de tout ordre décernées dans les concours de Lyon depuis 1847.

TABLEAU PAR DÉPARTEMENTS (1) N° 5.

Des Récompenses (Prix, Mentions) décernées dans le Concours de Lyon depuis 1847.

DÉPARTEMENTS.	RÉCOMPENSES Pour Bœufs, Vaches. — Bandes de bœufs.	RÉCOMPENSES Pour Moutons.	RÉCOMPENSES Pour Porcs.	TOTAL Des Récompenses.
Ain.	8	»	7	15
Allier.	18	»	»	18
Cher	»	1	»	1
Côte-d'Or. . .	»	7	1	8
Doubs	1	»	»	1
Isère	9	3	1	13
Loire	112	8	11	131
Loire (Haute-).	1	»	»	1
Loiret	1	»	»	1
Nièvre	46	10	»	56
Rhône	»	1	25	26
Saône-et-Loire	82	31	16	129
Saône (Haute-)	6	»	»	6
Savoie (Haute-)	1	»	»	Encouragement donné par la Ville de Lyon en 1860.

Rang d'après le nombre. — Loire, Saône-et-Loire, Nièvre, Rhône, Allier, Ain, Isère, Côte-d'Or, Haute-Saône, Ain (*ex æquo*), Doubs id., Haute-Loire id., Loiret id.

Enfin, dans les deux tableaux suivants, n°s 6 et 7, se trouvent mentionnés les noms des propriétaires, éleveurs ou engraisseurs qui ont obtenu depuis 1847 le plus grand nombre de récompenses (prix et mentions), avec l'indication des races pour lesquelles ces récompenses ont été obtenues.

(1) Les départements habités par deux exposants qui ont obtenu chacun une nomination, n'étant pas mentionnés dans les documents officiels, nous n'en avons point tenu compte.

ESPÈCE BOVINE.

N° 6.

EXPOSANTS.	DÉPARTEMENTS.	RÉCOMPENSES.	RACES POUR LESQUELLES LES RÉCOMPENSES ONT ÉTÉ OBTENUES.
Crétin	Loire.	33	Charolaise, Durham-charolaise, Durham-Mancelle, etc.
Serres	Loire.	24	Bourbonnaise, charolaise, Durham et croisements divers.
Magnin	Saône-et-Loire	22	Durham-charolaise, charolaise.
Thevenon	Loire.	22	Charolaise, bourbonnaise, croisements divers.
Tiersonnier	Nièvre.	16	Durham-charolaise et Durham.
Balay	Loire.	12	Durham-charolaise, Durham-bourbonnaise, etc.
Bellard.	Nièvre.	12	Charolaise, Durham, Durham-charolaise.
Adenot.	Saône-et-Loire	10	Durham-charolaise, charolaise.
Bernard et Lequisme.	Nièvre.	9	Charolaise, Salers, etc.
De Rochefort.	Saône-et-Loire	9	Charolaise.
Chaumet.	Loire.	7	Charolaise et croisements divers.
Montmessin	Saône-et-Loire	7	Charolaise, bourbonnaise.
Grillot	Haute-Saône.	6	Comtoise.
Anglès	Loire.	5	Durham et croisements divers.
Duréault.	Saône-et-Loire	5	Charolaise et diverses.
Dumas.	Ain.	4	Bressane, comtoise.
De Finance.	Saône-et-Loire	4	Charolaise.
Benoist-d'Azy.	Nièvre.	4	Charolaise et Durham-charolaise.

Cinquante autres exposants ont obtenu de une à trois récompenses.

ESPÈCE OVINE.

EXPOSANTS.	DÉPARTEMENTS.	RÉCOMPENSES.	RACES POUR LESQUELLES LES RÉCOMPENSES ONT ÉTÉ OBTENUES.
Duréault.	Saône-et-Loire	11	Dishley-solognote, etc.
Nicolas	Côte-d'Or.	7	Mérinos et Dishley-mérinos.
Comte de Bouillé. . .	Nièvre.	4	Southdown.
Despierre	Saône-et-Loire	4	Bourbonnaise, etc.
Tiersonnier	Nièvre.	4	Croisements Dishley.
Chamaroux	Saône-et-Loire	3	Bourbonnaise.

Vingt-trois autres exposants ont obtenu de une à trois récompenses.

ESPÈCE PORCINE.

EXPOSANTS.	DÉPARTEMENTS.	RÉCOMPENSES.	RACES POUR LESQUELLES LES RÉCOMPENSES ONT ÉTÉ OBTENUES.
Brenoux	Ain.	12	Bressane et croisements anglais.
S. et Cl. Gelot	Saône-et-Loire	12	Bressane.
Montvernay	Rhône.	8	Anglaises pures ou croisées.

Trente-un autres exposants ont obtenu de une à quatre récompenses.

Vingt-cinq noms seulement sont inscrits sur le tableau précédent. Il y en aurait eu cent vingt-neuf si j'y avais fait entrer ceux de tous les exposants qui ont remporté des prix ou mentions.

Ceci montre, entre autres choses, ce qu'il faut penser de l'assertion qui prétend que les récompenses offertes dans les concours d'animaux de boucherie sont partagées entre quelques propriétaires riches et favorisés.

Les chiffres relativement élevés de celles obtenues par MM. Crétin, Serres, Magnin et Thevenon, s'expliquent par ce fait que ces Messieurs, engraisseurs distingués et persévérants, ont exposé chaque année depuis l'institution du concours et, jusqu'à 1857 inclusivement, ont pu remporter plusieurs prix dans la même catégorie.

Quant à M. Tiersonnier qui vient après eux, beaucoup plus nouveau dans l'arène, il s'est placé en quelques années au premier rang des engraisseurs français, comme il vient de le prouver, en remportant dans le dernier concours de Poissy une coupe d'honneur.

VII.

L'espèce ovine a été appelée à concourir dès 1847. Les exhibitions auxquelles elle a donné lieu à Lyon ont été généralement faibles et d'une très-grande irrégularité pour le nombre des animaux présentés.

Les moutons doivent être réunis en lots de dix animaux de même race et de même âge. Le nombre des lots exposés a varié beaucoup. Il a été de trois en 1849; en 1856 il s'est élevé à vingt, et cette année même il est redescendu à trois, sans qu'on puisse donner de raison parfaitement plausible de ces énormes différences.

Ces variations, la faiblesse habituelle de cette partie de l'exposition, doivent tenir à plusieurs causes : à l'absence d'une race ovine bien définie dans les localités rapprochées de Lyon ; à l'éloignement des contrées qui produisent ou engraissent beaucoup de moutons. Mais ces motifs sont-ils les seuls ?

Les races ordinairement représentées dans notre exhibition annuelle sont : la race mérinos qui nous vient du Châtillonnais, dans la Côte-d'Or; celle du Bourbonnais, engraissée dans l'Allier et dans Saône-et-Loire ; celle de Dishley, croisée avec la solognote, la mérinos, la berrichonne, que nous amènent des engraisseurs de la Nièvre, de Saône-et-Loire, de la Côte-d'Or ; celle de Southdown, exposée depuis quatre ou cinq ans par M. le comte de Bouillé, de la Nièvre.

Les quelques lots de moutons d'Aubrac, dauphinois, charmoise et Mauchamp, purs ou croisés que nous avons vus, sont des exceptions.

De ces faits peut-on conclure que le concours sera sans influence sur la production du mouton de boucherie dans notre circonscription ? je ne le pense pas. Il a fait connaître une race anglaise relativement nouvelle, spécialisée pour l'abattoir, la race de Southdown, et mieux appropriée peut-être par sa constitution, par ses besoins, à la nature de ce climat, que celle de Dishley, et plus précoce que le groupe mérinos.

Sa supériorité reconnue dès ses premières apparitions dans la lutte, l'attention dont elle a été l'objet de la part des éleveurs et des engraisseurs, l'intelligence et l'activité que M. le comte de Bouillé a mises à la propager dans la Nièvre, permettent de croire qu'elle aura servi d'enseignement.

Son introduction dans les exploitations du Nivernais, du Berry et du Bourbonnais prouve, au reste, que cet enseignement n'a pas été stérile.

L'espèce porcine n'a été appelée au concours de Lyon qu'en 1851. Son exhibition y a pris bien vite une certaine importance. Lyon placé à une petite distance de deux contrées, la Bresse et le Charolais, qui élèvent et engraissent beaucoup de porcs et possèdent une des meilleures races françaises;

Lyon, où 27000 porcs du poids moyen de 135 kilog. sont sacrifiés annuellement dans les abattoirs publics, et dont le marché sert à l'approvisionnement d'une partie du Midi, est dans les meilleures conditions pour un concours de ce genre.

Le département du Rhône même produit et engraisse un assez grand nombre de porcs des races indigènes ou étrangères; et le chiffre élevé des récompenses obtenues dans cette partie de l'exhibition par un seul de ses exposants prouve que ce n'est pas sans succès.

Le nombre des sujets de l'espèce porcine présentés chaque année depuis 1851 a beaucoup varié. De trois qu'il était au début, il s'est élevé progressivement jusqu'à quarante six.

VIII.

Dans le concours de Lyon ainsi que dans les autres, l'espèce bovine occupe le premier rang souvent comme nombre, toujours comme importance. C'est cette espèce qui servira de base à la discussion que je vais ouvrir au sujet des résultats et de l'influence des concours.

Les concours d'animaux gras sont pour la zootechnie théorique et pratique une source annuelle et féconde d'observations et d'enseignements utiles. Mais ces enseignements, pour être complets et acquérir toute la valeur d'une expérience, doivent reposer à la fois sur la connaissance de l'état extérieur et des apparences des animaux, sur celle de leur rendement à l'étal et des qualités de la viande.

La considération seule des formes, du volume et du degré d'engraissement ne suffit pas, en effet, pour l'appréciation exacte du mérite réel des individus et des races, pour juger de l'étendue dé leurs aptitudes au service de la boucherie. Ce sont sans doute des éléments importants de jugement; mais invoqués, consultés à l'exclusion des autres, ils laisseraient trop de chances à l'erreur.

Dans toute exploitation il faut tenir grand compte de la

proportion et des qualités du produit que l'on se propose d'obtenir ou de créer. Ici c'est la chair qui est le produit principal.

Le rapport existant entre le poids de la chair fournie par un bœuf après l'abattage et le poids de l'animal vivant, constitue le *rendement* ou poids des quatre quartiers, *viande nette*.

Comme moyen d'appréciation, le rendement ou viande nette est préférable au poids du suif intérieur adopté autrefois. Il donne plus exactement la mesure de ce que les animaux doivent fournir de matière à la consommation, et, pour des sujets de même race, celle de la rapidité de leur croissance. On constate bien entre les deux rendements, la chair et le suif, une certaine relation ; mais leur production n'est pas toujours parallèle, ni leur proportion correspondante.

Les sujets de la plupart de nos races bovines peuvent, après avoir travaillé pendant quelques années, fournir beaucoup de suif, à la suite d'un engraissement prolongé et bien conduit; ils n'en sont pas moins inférieurs, pour le service de la boucherie, à ceux qui peuvent, dans un âge moins avancé, tout en produisant moins de suif peut-être, donner une proportion plus grande de bonne chair.

La production abondante et rapide d'une chaire mûre, suffisamment grasse et prête pour la consommation, c'est là le but que l'on doit poursuivre dans le choix, l'entretien et l'engraissement des bêtes de boucherie. Le but des concours est évidemment de désigner aux éleveurs et engraisseurs les races qui atteignent plus sûrement et plus parfaitement à ce résultat.

La France est assez riche, trop riche peut-être en races bovines énergiques ou presque exclusivement propres au travail. D'une croissance lente, d'un engraissement difficile, elles ne sont plus appropriées aux exigences, aux besoins chaque jour agrandis de la consommation.

L'instrument de la production existe, mais imparfait, insuffisant à son emploi; il faut le modifier ou le changer.

D'ailleurs, les progrès agricoles récents ayant eu pour premier résultat l'accroissement des ressources fourragères, ce sont les espèces animales destinées à fournir des produits en nature, chair, graisse et lait, qui ont dû profiter les premières de cette augmentation et qui peuvent utiliser ces ressources avec le plus d'avantages pour leur propre perfectionnement et pour les intérêts des propriétaires.

C'est ainsi que, par la loi des réciprocités, les concours publics d'animaux de boucherie auront exercé une influence incontestable sur le grand mouvement agricole qui s'est prononcé il y a quelques années; mouvement devenu indispensable au moment où la population française semblait vouloir interrompre sa marche ascendante, où le Gouvernement se préparait à lever les barrières de la prohibition.

En compulsant les tableaux de rendement dressés à la suite des concours, on constate que le poids de viande nette fournie par les sujets de nos races locales est, en moyenne, sensiblement inférieur à celui que donnent les animaux purs ou métis des races perfectionnées ou spécialisées pour la boucherie.

Pour les premiers, il est compris entre 58 et 64 0/0; rarement il s'élève au delà. Pour les seconds il flotte entre 62 et 67 0/0 (1).

Nous avons placé dans le tableau suivant les moyennes de rendement que nous avons pu recueillir dans les comptes-rendus officiels du concours de Lyon, de 1847 à 1859.

(1) Nous avons adopté les rendements de Lyon, un peu plus faibles en apparence que ceux de Paris, parce que quelques parties, le diaphragme, etc., n'y figurent pas.

RACES.	NOMBRE DE TÊTES		NOMBRE DE TÊTES.	RENDEMENT pour 100.
	Au-dessous de 4 ans.	Au-dessus de 4 ans.		
Durham	»	»	3	64,52
Durham-bourbonnaise.	»	»	5	63,53
Durham-charolaise . .	»	»	12	63,01
Charolaise.	»	»	36	62,45
Bressane.	»	»	7	62,21
Bourbonnaise	»	»	12	61,89
Comtoise	»	»	3	60,82
Salers.	»	»	5	59,20
Dauphinoise.	»	»	3	58,80
Durham-charolaise . .	6	»	»	61,83
Id.	»	6	»	64,18
Charolaise	11	»	»	61,72
Id.	»	25	»	62,77

Au seul point de vue du rendement, les races spécialisées ont sur les autres une supériorité réelle.

Cette supériorité devient plus évidente et acquiert une importance économique plus grande par le fait que les individus appartenant aux premières arrivent plus vite à ce rendement, et, dans leurs produits, donnent moins d'os et un plus fort poids de morceaux de première qualité.

Les races bourbonnaise, bressane, comtoise, dauphinoise, Salers, Aubrac, Mézenc, auvergnate, savoisienne, suisse, qui viennent concourir à Lyon, ont plus ou moins d'aptitude pour le service de la boucherie, et leur rendement est généralement assez élevé ; mais la plupart d'entre elles doivent être attendues assez longtemps, et c'est là précisément ce qui constitue leur infériorité vis-à-vis d'autres races plus précoces et plus tôt prêtes pour l'abattoir.

Les tableaux de rendement des animaux primés dans les premières exhibitions lyonnaises, comparés à ceux que l'on pourrait dresser à présent, présenteraient une différence sensible en faveur des derniers. Ce progrès peut être rapporté avec certitude à l'amélioration directe ou par croisement d'une partie des races, aux perfectionnements apportés dans la production et l'élevage des animaux et dans les méthodes d'engraissement.

Ce progrès offrira plus d'intérêt à l'économiste et au zootechnicien s'ils remarquent que ces rendements un peu plus élevés sont produits par des animaux encore jeunes, qui donnent ainsi en un temps plus court une proportion relative de viande plus considérable.

Ces conclusions devant lesquelles on se fût peut-être arrêté il y a quelques années, nous n'hésitons point à les tirer aujourd'hui des faits et des chiffres que nous avons eus sous les yeux. Conformes aux principes de la zootechnie et théoriquement acceptées par les hommes instruits qui se préoccupent de la production de la viande, elles ont reçu dans les concours et par les concours la sanction définitive de l'expérience. Elles marquent avec précision la voie dans laquelle il convient de poursuivre l'amélioration du bétail pour lui donner un double caractère d'utilité et d'universalité.

Le concours de Lyon a eu, comme toutes les autres créations du même genre, ses enseignements généraux et ses enseignements particuliers. Il a fourni aux engraisseurs le moyen : 1° de comparer entre elles dix à douze races de la circonscription appelées à concourir ensemble; 2° de juger les résultats économiques de certains croisements, et particulièrement de ceux effectués par la race bovine de Durham; 3° d'apprécier la valeur de leurs différentes méthodes d'engraissement.

N'est-ce pas là ce que le Gouvernement se proposait en instituant ce concours?

Comme précocité et souvent comme rendement, le groupe charolais-nivernais se place incontestablement au-dessus des races limousine, bourbonnaise, bressane, comtoise et dauphinoise, et celles-ci au-dessus des races de Salers, Aubrac, Mézenc, auvergnate du Puy-de-Dôme, forésienne, savoisienne et suisse.

Ce classement général et par groupe s'appuie sur un ensemble de faits et de résultats successivement mis en lumière par les exhibitions qui se renouvellent à Lyon depuis seize ans. Quelques faits contraires, devenus de plus en plus rares, ne sauraient en modifier la portée, en altérer ou en changer la signification.

Toutes les races précédentes gagnent à être alliées au Durham. Elles gagnent notablement en conformation et en précocité; c'est-à-dire qu'elles s'adaptent mieux au service particulier de la boucherie.

Les effets de ces alliances ne se manifestent pas dans toutes au même degré. Ils sont plus prononcés et rapprochent d'autant plus du but poursuivi les races soumises au croisement, qu'elles ont déjà naturellement par leurs formes et par leurs aptitudes plus de conformité avec celle de Durham, qui a joué ici le rôle de race croisante ou amélioratrice.

Le groupe charolais-nivernais prime tous les autres sous ce rapport. Les races limousine, bourbonnaise, comtoise, bressane, Salers, viennent ensuite.

Et ce n'est pas seulement à Lyon que l'on peut constater la supériorité des produits du croisement Durham-charolais ou Durham-nivernais; c'est aussi à Poissy, où ces produits occupent le premier rang par le nombre des prix remportés.

Mais à l'égard des qualités de la viande nos bonnes races locales n'ont rien ou à peu près rien à gagner dans leur association avec le Durham. Dans la série des qualités celui-ci n'occupe pas le premier rang, il s'en faut bien. On lui reproche de n'être pas très-riche en suif. Sa chair, dont les fibres sont un peu grossières, paraît filandreuse et se sépare en faisceaux lorsque la graisse qui la pénétrait s'est en partie fondue par la cuisson.

Le Durham n'est donc pas propre à réaliser tous les genres de perfectionnements, comme semblaient le croire à l'origine ses partisans les plus enthousiastes. Tous les mérites ne résident pas en lui.

Il ne faudrait pourtant pas exagérer les reproches que

beaucoup de personnes se sentent disposées à faire à la race de Durham à l'égard des qualités de sa viande. Souvent on les reproduit sur parole, et tel qui soutient que cette viande ne vaut rien n'en a jamais mangé, ni peut-être même jamais vu.

Nous manquons malheureusement de données précises sur les qualités comparatives des diverses races ou variétés bovines pour la consommation. C'est là d'ailleurs une question délicate à résoudre, qui restera une question de goût et d'appréciation individuelle, tant que l'on manquera d'une base certaine de jugement.

Comme denrée alimentaire, la chair de nos animaux peut être étudiée à deux points de vue : dans ses effets sur le goût et dans son pouvoir alibile. La plus agréable n'est pas nécessairement la plus nutritive; le contraire a souvent lieu.

Une Commission s'est occupée à Paris, pendant plusieurs années, de déterminer les qualités relatives de la chair des races bovines qui figurent dans le concours de Poissy. On doit avoir dans la compétence de ses membres une confiance entière. Pourtant les variations qu'éprouvent d'année en année ses classements, les déplacements qu'elle opère sur chacune de ses nouvelles listes, ne permettent-ils pas de soupçonner que ses bases d'appréciation manquent de fixité ou d'exactitude ? Ce ne serait pas la première fois, au reste, que l'on aurait vu des hommes parfaitement consciencieux se laisser entraîner par un esprit de système et céder involontairement à des préjugés de position ou d'opinion.

Quoi qu'il en soit, voici le dernier classement publié dans un rapport spécial joint aux comptes-rendus des concours d'animaux de boucherie par l'administration de l'agriculture, ils remontent à l'année 1859 : « En combinant les données « qui précèdent sur les races primées en 1859 (lit-on dans le rapport sus-mentionné) « avec celles qui sont réunies « dans des tableaux analogues dressés pour les six concours « précédents, et en rapprochant seulement les races qui

« ont comparu dans quatre concours au moins, on trouve « que cinquante-neuf bœufs, répartis en quinze groupes, « se présentent dans des conditions suffisamment compara- « bles. Voici, pour ces quinze races ou croisements, le clas- « sement d'après la qualité moyenne par tête qui résulte « de toutes les observations jusqu'ici faites de 1853 à 1859.»

NOMBRE DE TÊTES.	RACES OU CROISEMENTS.	MOYENNE DE QUALITÉ.
4	Durham-bretons	100
18	Durham-Schwitz-normands . .	97,528
17	Choletais et nantais	97,383
37	Durham-manceaux	96,094
8	Garonnais.	95,133
24	Limousins	94,211
24	Durhams.	91,667
6	Garonnais-limousins	90,739
38	Durham-charolais.	90,644
15	Durham-cotentins	90,372
4	Bretons.	90,278
9	Salers	90,122
41	Charolais.	89,567
10	Cotentins.	88,333
4	Garonnais-bazadois.	87,500

Trois races, sur quinze que mentionne ce tableau, figurent habituellement dans le concours de Lyon ; ce sont celles de Durham, Durham-charolaise et charolaise. Elles occupent dans la liste le rang que je leur donne ici, mais séparées par de faibles distances. Celui du Durham le rapproche de la moyenne, et il ne justifie les assertions ni de ses détracteurs ni de ses partisans.

Ce sont d'autres qualités moins sujettes à contestation qui

ont valu au Durham la réputation dont il jouit. En effet, sa conformation comme bête de boucherie est certainement une des plus parfaites qui ait été réalisée jusqu'à ce jour; sa précocité et sa faculté d'assimilation sont égales, sinon supérieures, à celles des meilleures races connues; il jouit d'une puissance étendue de transmission, et communique à ses produits tout ou partie des caractères qui le distinguent; son influence se décèle à la fois sur les dispositions à l'engraissement, sur la réduction du squelette, du volume de la tête et des membres.

Si ce n'est point là tout ce qu'on peut désirer et rechercher, puisqu'il y manque les qualités de la chair, n'y trouve-t-on pas les éléments principaux d'où dépend la solution du problème de la production de la viande de boucherie? N'en est-ce pas assez pour justifier les préférences dont cette race est aujourd'hui presque partout l'objet, en Angleterre même? les efforts de l'administration française pour la propager? la notoriété qu'elle a acquise dans quelques pays d'engraissement? les succès, enfin, qu'elle remporte tous les ans dans nos concours, par elle-même ou par les produits de ses croisements?

L'une de ses qualités, il est vrai, n'a pas aux yeux de tout le monde l'importance que nous lui accordons ici, je veux parler du degré extraordinaire de graisse que cette race peut atteindre. Les viandes trop grasses, dit-on, ne sont pas, en France du moins, du goût du plus grand nombre, et elles manquent de propriétés alibiles. Et l'on part de cette donnée pour blâmer les institutions que l'on suppose avoir pour but de pousser l'industrie de l'engraissement à produire des viandes entachées de si graves défauts.

Sans aucun doute, s'il s'agit de la consommation de chaque jour, le bœuf le plus gras, le bœuf de concours n'est pas ce qui convient le mieux. Si la viande maigre est dure et manque de goût, celle qui est trop chargée ou pénétrée de graisse suscite quelques répugnances chez les personnes qui n'ont pas l'habitude de la manger. Elle a quelque chose de huileux qui la rend peu agréable.

Tout cela est vrai, et pour nous Français dont les besoins et les habitudes diffèrent énormément de ceux de nos voisins d'outre-Manche, de la viande mi-grasse où la chair et la graisse se trouvent associées en proportion convenable est plus savoureuse, plus nutritive et réellement meilleure.

Mais les concours d'animaux de boucherie ne doivent pas être jugés de ce point de vue exclusif et trop restreint. Leur but n'est pas d'amener les engraisseurs à ne faire que des bestiaux très-gras, à approvisionner nos marchés de bœufs de concours. Le résultat utile serait dépassé, et l'on pourrait dire avec raison qu'en ceci le mieux serait l'ennemi du bien.

Quand on sera en mesure de faire un bon choix entre les races, entre les genres de croisement et les différentes méthodes d'engraissement, les concours auront fourni tous les résultats qu'on devait en espérer, ils cesseront d'être utiles. Mais viendra-t-il un jour où la zootechnie, où les éleveurs et les engraisseurs n'auront plus rien à leur demander? Auront-ils jamais fait leur temps, accompli définitivement leur mission? Le croire, ce serait trop présumer de la science et méconnaître les lois du progrès économique et social. Ne voyons-nous pas déjà des races, hier supérieures et sans rivales, égalées, surpassées même aujourd'hui par d'autres races plus nouvelles ou arrivées plus récemment à la notoriété? Ne voyons-nous pas maintenant paraître avec succès dans la lutte celles d'Ayr, de Devon et d'Angus? Qui sait si cette dernière ne fera pas bientôt mettre de côté le Durham, comme le Durham a écarté le Héreford? Le Southdown n'est-il point en passe de détrôner le Dishley et les autres races ovines de boucherie?

Le but des concours, nous l'avons suffisamment fait comprendre, est purement économique. Il s'agit de trouver le moyen de produire plus rapidement ou à meilleur compte une proportion croissante de denrée alimentaire; d'amener l'industrie de l'engraissement à augmenter son produit net. C'est dans cet accroissement que consiste en effet le perfectionnement réel, absolu. Le produit net est le salaire du producteur, et conséquemment le véritable stimulant de la production.

Mais n'eût-il pour résultat que d'augmenter le produit brut sans élever le bénéfice de l'exploitant, le perfectionnement, dans l'industrie qui nous occupe, serait encore un bien, puisqu'il multiplierait la masse des produits utiles, et en mettrait une plus grande quantité à la disposition des consommateurs.

Ce serait ici le lieu de répondre à l'une des objections le plus souvent renouvelées contre l'institution des concours. Ils coûtent beaucoup, dit-on, et l'on ne s'aperçoit guère de leurs effets. A quoi ont-ils servi jusqu'à présent, si le consommateur paye aujourd'hui la viande de boucherie aussi cher qu'autrefois?

Si la solidarité de prix entre les matières alimentaires de première nécessité est une loi économique, les concours devraient donc, suivant nos adversaires, résoudre le problème si difficile, si compliqué de la vie à bon marché? Je doute qu'il soit jamais entré dans la pensée des hommes qui se sont le plus occupés de l'institution que je défends, qu'elle est appelée à provoquer un abaissement du prix de la viande, susceptible de réagir sur celui des autres denrées de consommation. S'il en était autrement, le but des concours serait manqué, l'effet n'aurait pas répondu aux espérances.

Ce qu'on s'est proposé, c'est de mettre la production plus en rapport avec les exigences d'une consommation qui s'accroît chaque jour. Or, si ces deux termes du problème, production et consommation, s'élèvent parallèlement, les prix peuvent très-bien se conserver sans que l'on soit en droit de prétendre que le progrès est nul et que les efforts tentés en faveur de l'industrie animale ont été infructueux.

Rendre la vie à bon marché, ce n'est pas abaisser les prix

jusqu'à l'avilissement, on tarirait ainsi les sources de la production; c'est, par la production et le salaire, maintenir ces prix à un taux tel que les denrées alimentaires soient à la portée de tous, et que les producteurs soient suffisamment rémunérés.

Entendre autrement la vie à bon marché serait tomber dans une contradiction économique dangereuse; ce serait fonder l'avantage du consommateur sur la ruine du producteur, tandis que leurs intérêts sont intimement liés et se soutiennent réciproquement.

La production du bétail satisfait aujourd'hui à des besoins bien autrement nombreux qu'autrefois. Mais ses moyens ne peuvent se multiplier à l'infini. Pour le consommateur l'animal de boucherie est de la matière première; l'engraisseur n'y voit qu'un produit manufacturé dont le prix de vente doit fatalement suivre les fluctuations de l'offre et de la demande, se subordonner aux frais de loyer de la terre et de la main-d'œuvre, et aux prix de revient des matières premières, fourrages ou animaux à engraisser.

Pour que la production pût satisfaire à de plus nombreuses demandes et abaisser ses prix, il faudrait qu'elle pût, sans augmentation de dépenses, accroître indéfiniment ses ressources fourragères, ou qu'elle réduisît le salaire des ouvriers agricoles, le taux des fermages, la rente du capital et les autres charges de l'agriculture. Toutes conditions irréalisables. Mais les entrepreneurs en disponibilité du bonheur public n'y regardent pas de si près et ne s'arrêtent pas pour si peu.

Dans la situation actuelle l'engraisseur ne peut trouver une rémunération suffisante de son travail qu'en élevant le prix de ses denrées, au risque d'abaisser la consommation, ou bien en recherchant des instruments qui mettent en œuvre d'une manière plus avantageuse, plus économique, plus rapide, la matière première, les fourrages.

C'est précisément à faire connaître, à faire créer ces instruments les plus parfaits de production, ces machines vivantes douées de la puissance la plus grande de transformation, que tendent les concours d'animaux de boucherie.

Déjà les faits nous autorisent à dire que ce but est partiellement atteint. L'eût-il été plus sûrement et plus vite, si, comme on l'a demandé, les concours avaient été nomades et portés successivement au sein des contrées d'élevage et d'engraissement? s'ils avaient coïncidé dans chaque circonscription avec les époques des plus nombreux engraissements?

La première mesure aurait eu sans aucun doute quelque utilité; elle aurait peut-être fait servir les exhibitions à l'instruction d'un plus grand nombre de propriétaires; les sujets préparés en vue de la consommation auraient pu y être présentés.

Néanmoins, qu'on y prenne garde : si chanceuse et si délicate que soit la préparation d'un bœuf de concours, si fréquentes que soient les déceptions pour les concurrents, il se trouvera toujours des propriétaires qui, moins tentés par l'appât des primes que par la gloire attachée au succès, ne reculeront pas devant les difficultés et les dépenses de l'opération, et se présentant avec des animaux préparés de longue main, avec habileté, et d'une supériorité de forme et d'embonpoint incontestable, remporteront les prix. Et les engraisseurs de profession qui préparent pour le commerce se verront enlever les récompenses qu'on leur destinait, ou réduits à disputer entre eux les prix de bande.

Par ce changement, j'en suis convaincu, on n'éviterait pas
« ces animaux, véritables sacs de graisse où la viande man-
« geable disparaît sous le tissu adipeux; animaux qui ne
« donnent de profit ni à l'engraisseur, ni au boucher, ni
« au consommateur même, car le même fourrage qui les a
« produits aurait fait trois animaux en chair. »

Qui donc, d'ailleurs, a jamais songé à faire des exhibitions de bestiaux gras des marchés d'approvisionnement?

Ce sont des écoles, nous l'avons dit, et rien autre chose; des écoles où éleveurs et engraisseurs voient, apprennent ce qu'on peut faire de telle ou telle race, avec une méthode poussée à ses degrés extrêmes d'application.

Ces *sacs de graisse*, comme on les appelle dédaigneusement, paraissent monstrueux, parce que les masses adipeuses trop développées ont altéré les formes naturelles des animaux; mais ils ont donné la mesure de ce qu'on pouvait attendre d'eux, de la rapidité avec laquelle ils eussent été préparés, s'ils avaient été soumis à un engraissement commercial.

Ainsi entendu, le concours devient un enseignement pour tout le monde : pour l'engraisseur qui sait à quoi s'en tenir sur les aptitudes de la race qu'il exploite, sur ses procédés d'engraissement; pour l'administration à qui il révèle dans une longue série d'expériences comparatives la direction dans laquelle la production et l'élevage peuvent être utilement poussés.

Les éleveurs anglais n'ont adopté la race de Durham de préférence à d'autres qu'après avoir constaté dans les concours de Smithfield sa supériorité d'aptitudes et de précocité. Ils l'abandonneront pour s'attacher à celle d'Angus, s'il leur est un jour démontré que celle-ci est meilleure encore.

Nos éleveurs du Charolais, du Bourbonnais, de la Nièvre, etc., se détermineront par les mêmes motifs; ils adopteront le Durham pour leurs croisements après avoir vu ses produits briller avec éclat dans les exhibitions annuelles de Lyon et de Poissy.

Si les étables de nos grands pays de production et d'élevage renferment aujourd'hui des animaux supérieurs à ceux des races locales, c'est aux concours d'animaux de boucherie qu'il faut en partie l'attribuer.

En ce qui concerne l'utilité de reporter les exhibitions, dans chacune des circonscriptions, aux époques où s'y terminent les plus nombreux engraissements, elle est bien douteuse. Cette mesure, au reste, est d'une réalisation presque impossible, à moins de multiplier les concours de manière à rendre l'institution extrêmement onéreuse, ou de les morceler de façon à la rendre illusoire et sans influence.

On a vu, par les tableaux statistiques joints à ce travail, que les départements de l'Allier, de la Loire, de la Nièvre, de Saône-et-Loire, contribuaient principalement à alimenter nos concours; ce sont eux aussi qui approvisionnent nos marchés. Or, le relevé des arrivages de bestiaux établit les données suivantes; les meilleurs arrivages se font :

Pour les races *bourbonnaise* : de janvier à la fin de mars.
— *bressane* : de décembre à la fin de février.
— *charolaise ;* bœufs de prairie : du 1er juin à la fin de novembre.
— — bœufs d'étable : de mars à mai.
— *comtoise* : de février à mai.
— *auvergnate*, *de montagne* : de décembre à mars.

Le Charolais envoie de juin à septembre un bon nombre de vaches de Salers qu'il a engraissées.

Il vient sur les marchés de Lyon peu de sujets de la race dauphinoise.

IX.

On rencontre un peu partout une tendance à contester l'efficacité, l'utilité des concours, tendance qui se fonde sur le petit nombre d'animaux perfectionnés par les croisements que reçoivent les grands marchés d'approvisionnement. C'est là une singulière façon de raisonner.

Parcourez les campagnes, pénétrez dans les écuries, dans les étables, visitez les pâturages, qu'y trouverez-vous, trop souvent, hélas? des chevaux aux formes défectueuses, peu ou point appropriés à leur destination; des bœufs, des vaches mal choisis, mal tenus et peu productifs. En conclurez-vous que depuis quinze à vingt ans il ne s'est opéré aucun progrès dans l'exploitation du bétail? que les concours régionaux, ceux des villes, des comices agricoles, etc., n'ont rien produit de bon, ont été sans influence sur l'état, sur les habitudes de la production animale?

Parce que beaucoup de cultivateurs ne voient rien à changer, rien à améliorer autour d'eux, ne changent et n'améliorent rien, conclurez-vous qu'il n'y a rien à faire en effet, que tout est pour le mieux, ou que tout effort est nécessairement condamné à l'impuissance? Sommes-nous donc fatalement enfermés dans un cercle de Popilius?

Nos races alimentaires sont-elles donc parfaitement appropriées au service de la boucherie? Sont-elles en mesure de bien satisfaire les besoins de la consommation? Y a-t-il inconséquence à chercher à les rendre meilleures par des croisements ou par tout autre moyen? Et les concours qui font connaître les défauts des unes, la supériorité des autres, seront-ils de vaines cérémonies, sans rapport avec l'industrie agricole, produits d'un engouement irréfléchi et de l'esprit d'imitation qui caractérise, prétend-on, nos modernes Athéniens?

Parce que les trois quarts de nos marchés et de nos abattoirs reçoivent encore un très-grand nombre de bestiaux vieux et maigres, sommes-nous condamnés à nous nourrir de viande dure et sans graisse?

Le progrès, en agriculture et en zootechnie, est difficile à obtenir; il s'accomplit lentement. Est-il pour cela moins désirable? est-il impossible à réaliser? Pour nier le progrès, suffira-t-il de se refuser à l'apercevoir? et pour l'avouer, faudra-t-il qu'il soit entièrement accompli et qu'il saute aux yeux des plus incrédules?

Est-il permis de désespérer de l'avenir d'une industrie, la plus importante de toutes, la première, la plus utile, quand un gouvernement dévoué, des administrations intelligentes, des hommes instruits et pris dans toutes les positions sociales s'en occupent, la protégent, l'encouragent, ou sont si intéressés à sa prospérité?

Les raisons de penser que l'industrie animale ne reste pas stationnaire, quand tout progresse autour d'elle; qu'elle saura profiter des exemples qui lui sont donnés, des encouragements qui lui sont offerts, ces raisons sont nombreuses et concluantes. Rassurons-nous donc et ne cessons point d'éclairer, d'encourager ceux à qui revient la mission la plus difficile, celle de produire réellement, effectivement.

X.

Je crois avoir établi que par leur but, par les effets heureux qu'ils ont déjà produits, les concours d'animaux de boucherie sont bien au-dessus de ce qu'y voient encore quelques personnes : un spectacle curieux pour la foule, ruineux pour l'administration et pour la plupart des exposants.

Ils constituent une œuvre nationale d'une haute utilité et qui, pour réussir en France, exigeait bien des sacrifices et, avec l'aide de l'administration, le concours de praticiens habiles que ne rebutent ni les difficultés de la pratique, ni l'incertitude des succès.

Le gouvernement de la Grande-Bretagne laisse généralement à l'initiative individuelle, beaucoup plus active et plus puissante là que parmi nous, la solution des problèmes scientifiques, industriels et agricoles. Pourtant, il a souvent encouragé l'agriculture par des subventions généreuses. Backwell a reçu des subsides du Parlement, et chaque guinée de ces subsides, on l'a dit avec raison, est retombée en pluie d'or sur l'Angleterre.

Si la France n'a pas encore eu ses Backwell, ses Colling, ses Wattson, ses Jonas Webb, elle a du moins aujourd'hui un grand nombre d'éleveurs et d'engraisseurs intelligents et zélés qui ont su mettre en pratique les enseignements et l'expérience de nos voisins, et faire tourner au profit de la nation les distinctions et les récompenses qu'ils ont obtenues dans les concours.

(Extrait des *Annales de la Société impériale d'agriculture, d'histoire naturelle et des arts utiles de Lyon*, 1863.)

Lyon. — Imp. Barret, rue Gentil, 4.

www.ingramcontent.com/pod-product-compliance
Lightning Source LLC
LaVergne TN
LVHW012007160826
845678LV00002B/701

* 9 7 8 2 3 2 9 6 7 5 4 5 9 *